1分钟儿童小百科

河流湖泊小百科

介于童书 / 编著

江苏凤凰科学技术出版社 · 南京

图书在版编目（CIP）数据

河流湖泊小百科 / 介于童书编著 . — 南京 : 江苏凤凰科学技术出版社, 2022.2
（1 分钟儿童小百科）
ISBN 978-7-5713-2174-1

Ⅰ . ①河… Ⅱ . ①介… Ⅲ . ①河流 – 儿童读物②湖泊 – 儿童读物 Ⅳ . ①P941.77-49②P941.78-49

中国版本图书馆 CIP 数据核字 (2021) 第 158981 号

1分钟儿童小百科

河流湖泊小百科

编　　著	介于童书
责任编辑	陈　艺
责任校对	仲　敏
责任监制	方　晨
出版发行	江苏凤凰科学技术出版社
出版社地址	南京市湖南路 1 号 A 楼，邮编：210009
出版社网址	http://www.pspress.cn
印　　刷	文畅阁印刷有限公司
开　　本	710 mm × 1 000 mm　1/24
印　　张	6
字　　数	150 000
版　　次	2022年2月第1版
印　　次	2022年2月第1次印刷
标准书号	ISBN 978-7-5713-2174-1
定　　价	36.00元

前言

河流湖泊对人类有着重要意义，为人类提供生活、工农业用水，河流有运输功能，湖泊可以调节生态环境，水中的生物又是人类的食物来源之一……可以说，是河流湖泊孕育了人类的文明。黄河孕育了中华文明，尼罗河催生了灿烂的古埃及文明，印度河保障了古印度人的生活，两河流域是古巴比伦人赖以生存的家园。可见，河流湖泊在人类发展的进程中，发挥着不可替代的作用。

本书选取了亚洲、欧洲、非洲、美洲一些主要的河流湖泊，例如长江、伏尔加河、莱茵河、密西西比河等，进行了简要的介绍。本书语言通俗易懂，配以精美的图片，有利于激发孩子的兴趣，便于孩子接受。同时引用严谨的数据说明，使内容更加直观明了，便于孩子进行想象和比较，满足孩子的求知欲，开发孩子的智力。

目录

欧洲

非洲

美洲

yà zhōu
亚洲

亚洲的许多大河都发源于中部高山地带，最终流入太平洋、印度洋或北冰洋。亚洲也有许多内流河，主要分布在亚洲中西部，例如伊犁河、约旦河等。亚洲的湖泊相较于其他大洲不算多，但分布较广，且各具特色。亚洲有世界上最大的咸水湖、世界上最深的湖，还有同时存在着淡水和咸水的巴尔喀什湖。

huáng hé

黄河

黄河是中华文明的主要发源地，被中国人称为“母亲河”。黄河干流多弯曲，有“九曲黄河”之称，整体呈“几”字形分布。黄河干流从青海出发，自西向东流经四川、甘肃、宁夏、内蒙古、陕西、山西、河南、山东等地区，最后注入渤海。黄河中段流经黄土高原时，携带了大量的泥沙。

阅读延伸

壶口瀑布是黄河干流唯一的瀑布，也是中国第二大瀑布。黄河流经此处时，水面由三百多米宽迅速压缩至二三十米宽，河水从陡崖上倾泻而下，气势恢宏。冬季水面结冰，形成巨大的冰瀑。

cháng jiāng
长江

cháng jiāng shì yà zhōu dì yī cháng hé yě shì shì jiè dì sān
长江是亚洲第一长河，也是世界第三
cháng de hé liú gàn liú liú jīng qīng hǎi xī zàng sì chuān yún
长的河流，干流流经青海、西藏、四川、云
nán chóng qìng hú běi hú nán jiāng xī ān huī jiāng sū
南、重庆、湖北、湖南、江西、安徽、江苏、
shàng hǎi děng dì qū zuì hòu zhù rù dōng hǎi cháng jiāng liú yù fú
上海等地区，最后注入东海。长江流域幅
yuán liáo kuò dì xíng duō biàn qì hòu lèi xíng duō zhǒng duō yàng liú
员辽阔，地形多变，气候类型多种多样。流
yù nèi rén kǒu chóu mì quán liú yù gòng yǒu duō gè mín zú
域内人口稠密，全流域共有50多个民族。

阅读延伸

长江流域的不同地区，气候有很大差别。四川盆地多雨雾，日照少，气候温和；昆明周围地区全年温差较小，四季如春；长江中下游地区降水充沛，冬冷夏热，四季分明；江源地区四季寒冷干燥，是典型的高寒气候。

黑龙江

黑龙江位于亚洲东北部，流经蒙古、中国、俄罗斯，流入鞑靼海峡。黑龙江上中游为中俄两国界河，长约3 000千米，哈巴罗夫斯克以下的下游在俄罗斯境内。黑龙江在中国境内的流域面积约有90万平方千米。黑龙江支流众多，较大的有松花江、乌苏里江、呼玛河、布列亚河等。

阅读延伸

黑龙江，中国古代称为黑水。清代，沙皇俄国迫使清政府签订不平等条约，将中国的领土割让给俄国，黑龙江的一部分从此属于俄国。

zhū jiāng 珠江

珠江，又叫粤江，包括西江、东江、北江及珠江三角洲诸河，流经云南、贵州、广西、广东、湖南、江西等地区以及越南北部，是中国境内第三长的河流。珠江流域内人口众多。珠江流域的深圳、珠海、汕头三个城市是经济特区，广州、湛江、北海是沿海开放港口城市。

阅读延伸

珠江流域内，大部分地区为山地和丘陵，约占总面积的94.5%，平原约占5.5%。珠江流域西北部的云贵高原，海拔高达2 000~4 000米，高原边缘多瀑布。云贵高原东边的两广丘陵是一片低山丘陵。珠江下游有著名的冲积平原——珠江三角洲。

sōng huā jiāng

松花江

sōng huā jiāng liú jīng jí lín shěng hé hēi lóng jiāng shěng shì hēi
松花江流经吉林省和黑龙江省，是黑
lóng jiāng zài zhōng guó jìng nèi zuì dà de zhī liú sōng huā jiāng yǔ hēi
龙江在中国境内最大的支流。松花江与黑
lóng jiāng wū sū lǐ jiāng huì liú chōng jī ér xíng chéng le yí piàn
龙江、乌苏里江汇流、冲积而形成了一片
píng yuán jiào zuò sān jiāng píng yuán sōng huā jiāng liú yù chǔ yú běi
平原，叫作三江平原。松花江流域处于北
wēn dài jì fēng qì hòu qū xià jì jiàng shuǐ duō tiān qì wēn rè
温带季风气候区，夏季降水多，天气温热，
píng jūn qì wēn zài dōng jì jiàng shuǐ shǎo hán lěng gān
平均气温在20～25℃；冬季降水少，寒冷干
zào zuì lěng de yuè fèn píng jūn qì wēn dī zhì líng xià
燥，最冷的月份平均气温低至零下20℃。

阅读延伸

松花江支流众多，其中最大的支流是嫩江。嫩江发源于大兴安岭伊勒呼里山，全长约1370千米，有20多条支流。松花江和嫩江冲积而成的松嫩平原，是黑龙江省重要的粮食产区，也是国家重要的商品粮基地。

雅鲁藏布江

雅鲁藏布江位于西藏自治区，是中国海拔最高的大河，也是中国最长的高原河流。它流经中国、印度和孟加拉国，在中国境内长度约为2 057千米。雅鲁藏布江是除长江外，中国水能蕴藏量最丰富的河流。雅鲁藏布江流域宽广，景色壮丽，是藏族文明的摇篮，被藏族人民视为母亲河。

阅读延伸

雅鲁藏布大峡谷是雅鲁藏布江环绕南迦巴瓦峰转弯时，形成的巨大峡谷。峡谷长约500千米，两侧高峰与谷底相对高差可达6 000米，是世界上最深的峡谷。雅鲁藏布大峡谷有从高山冰雪带到低河谷热带雨林9个垂直自然带，生物资源众多。

lán cāng jiāng

澜沧江

lán cāng jiāng shì méi gōng hé zài zhōng guó jìng nèi bù fen de míng
澜沧江是湄公河在中国境内部分的名
chēng tā de yuán tóu zài qīng hǎi shěng táng gǔ lā shān hǎi bá yuē
称，它的源头在青海省唐古拉山，海拔约
mǐ lán cāng jiāng liú jīng qīng hǎi xī zàng yún nán jīng
5 200米。澜沧江流经青海、西藏、云南，经
yún nán xī shuāng bǎn nà liú xiàng jìng wài lán cāng jiāng liú yù cóng běi
云南西双版纳流向境外。澜沧江流域从北
xiàng nán kuà dù cháng liú yù nèi qì hòu chā yì dà cóng lán cāng
向南跨度长，流域内气候差异大。从澜沧
jiāng de yuán tóu dào xià yóu dì qū fēn bié shì gāo hán qì hòu
江的源头到下游地区，分别是高寒气候、
gāo yuán wēn dài qì hòu yà rè dài qì hòu hé rè dài qì hòu
高原温带气候、亚热带气候和热带气候，
wēn dù zhú bù shàng shēng
温度逐步上升。

阅读延伸

澜沧江流域居住着很多民族，仅云南段流域内就有傣族、白族等十多个少数民族。各民族的生活习惯、习俗各具特色，与当地自然环境融为一体。

怒江

怒江是中国西南地区的大河流，它从青藏高原出发，流入云南省，经怒江傈僳族自治州、保山市和德宏傣族景颇族自治州，流入缅甸，最后注入印度洋。怒江在中国境内的长度约为2013千米。怒江大部分河段都处于高山深谷中，落差大，水流湍急，多瀑布险滩。怒江水量以降水补给为主，水力资源丰富。

阅读延伸

怒江大峡谷位于云南省怒江傈僳族自治州，两岸悬崖峭壁，谷顶与谷底高差达2 000~4 000米，水势湍急。峡谷内风景奇秀，物种丰富，有树蕨、秃杉、珙桐等珍稀植物，也有孟加拉虎、金丝猴、叶猴等珍稀动物。

辽河

辽河位于中国东北地区南部，是中国七大河流之一。辽河有东、西两个河源，东、西辽河最终在辽宁省汇合。辽河流经河北、内蒙古、吉林、辽宁，最后注入渤海。辽河河道弯曲，含沙量高，流量变化大。辽河流域水资源贫乏，尤其是中下游地区，水资源更为短缺。

阅读延伸

辽河三角洲湿地地处渤海辽东湾，总面积约为6 000平方千米。湿地内有丹顶鹤、黑嘴鸥和斑海豹等珍稀动物，众多候鸟迁徙至此或在此中转。盘锦市内，红色碱蓬草构成了一望无际的红海滩，成为一大奇景。

hǎi hé

海河

hǎi hé shì huá běi dì qū zuì dà de shuǐ xì hǎi hé
海河是华北地区最大的水系。海河
shàng yóu yǒu běi yùn hé yǒng dìng hé dà qīng hé zǐ yá hé
上游有北运河、永定河、大清河、子牙河、
nán yùn hé wǔ dà zhī liú tā men zài tiān jīn shì jīn gāng qiáo hé
南运河五大支流，它们在天津市金钢桥合
liú hé liú hòu de hé duàn chēng wéi hǎi hé cháng yuē qiān
流。合流后的河段，称为海河，长约76千
mǐ xiá zhǎi duō wān jīng dà gū kǒu rù bó hǎi wān hǎi hé de
米，狭窄多弯，经大沽口入渤海湾。海河的
gàn liú hé shàng yóu wǔ dà hé liú jí duō tiáo zhī liú zǔ chéng
干流和上游五大河流及300多条支流，组成
le hǎi hé shuǐ xì
了海河水系。

阅读延伸

海河是华北地区重要的河流之一，流域地跨京、津、冀、晋、鲁、豫、内蒙古等地区。相较于东部沿海各流域，海河流域降水较少，且地区分布不均衡，不同年份降水量变化大。海河流域春季降水少，常发生春旱。

淮河

淮河处于中国东部，位于长江和黄河之间，是中国七大河之一。淮河—秦岭一线，是中国南北方的地理分界线，淮河南北两侧，无论是自然环境，还是生产生活方式，都有明显差别。淮河流域内，耕地面积约为12.22万平方千米，主要种植小麦、水稻、玉米、薯类等作物，在我国农业生产中有着重要地位。

阅读延伸

淮河在历史上曾独流入海，后因黄河决堤，多次侵占淮河河道，导致大量泥沙淤积。出海口受阻后，淮河改道流入长江。淮河水系紊乱，多发水灾。新中国成立后，政府组织开展了大规模的淮河治理工程。

méi gōng hé

湄公河

湄公河是东南亚第一大河，流经中国、老挝、缅甸、泰国、柬埔寨和越南，在越南分别从9个出海口注入中国南海。湄公河在旱季和雨季流量变化大，干流多激流瀑布，航运能力差，只有下游一部分可通航。湄公河流域内森林覆盖率超过70%，有柚木、紫檀、乌木、铁木等优质树木，还有多种林产和药材。

阅读延伸

湄公河渔业资源丰富，有大量水产品销往外地。水位降低时，一些浅滩树丛中的密集鱼群，用篮子就可以捞取。

叶尼塞河

叶尼塞河位于亚洲北部，是俄罗斯水量最大、水能资源最丰富的河流，注入北冰洋。叶尼塞河上游水流湍急，中下游多沼泽湿地，冻土广布，流域内人口稀少。河水补给主要来自融雪，其余的来自雨水和地下水。叶尼塞河将西西伯利亚平原和中西伯利亚高原分开，河西是平原，河东是高原。

阅读延伸

叶尼塞河有大小支流2 000多条，其中长度在500千米以上的有11条。叶尼塞河流域覆盖着大量泰加林，南部生长着西伯利亚云杉和雪松，北部植被主要是落叶松。河水穿过草原、森林和苔原等不同的地带，景色壮丽。

幼发拉底河

幼发拉底河是西南亚最大的河流，流经叙利亚和伊拉克等地，最后与底格里斯河合流，改称阿拉伯河，注入波斯湾。幼发拉底河与底格里斯河并称“两河”，所经过的区域称为“两河流域”，是东方文明的发源地之一。河水补给主要依靠高山融雪和降雨，水量丰富，但不稳定。河上修建了许多堤坝、水库等设施。

阅读延伸

幼发拉底河和底格里斯河的中下游地区，被称为美索不达米亚。美索不达米亚气候温暖，水运发达，灌溉便利，适宜生存。这里诞生的美索不达米亚文明，是世界上最早的文明之一，它包含了苏美尔、巴比伦、亚述等文明。

底格里斯河

底格里斯河和幼发拉底河的源头，相距不到80千米。底格里斯河水量大，沿山麓流动过程中，河水经常暴涨、泛滥，沿岸形成了肥沃的冲积平原，沿河修建了各种水利工程。底格里斯河中游的古代城市，在公元前2000年就修建了灌溉渠系。底格里斯河河水补给主要依靠高山融雪和春雨，每年5月达到最高水位。

阅读延伸

底格里斯河上游水流落差大，适于修建水电工程以及其他项目。土耳其和伊拉克在各自境内修建有迪克尔坝、德尔本地汉坝、摩苏尔坝、杜坎坝等水利设施。底格里斯河的灌溉系统十分发达，3 000多年前，三角洲顶点就建有奴姆鲁坝。

héng hé

恒河

héng hé wèi yú yìn dù běi bù cóng yìn dù liú rù mèng jiā
恒河位于印度北部，从印度流入孟加
lā guó zhù rù mèng jiā lā wān héng hé bèi yìn dù rén chēng wéi
拉国，注入孟加拉湾。恒河被印度人称为
shèng hé hé yìn dù de mǔ qīn hé shuǐ bǔ jǐ zhǔ yào
“圣河”和“印度的母亲”。河水补给主要
yī kào xǐ mǎ lā yǎ shān róng xuě hé xī nán jì fēng dài lái de yǔ
依靠喜马拉雅山融雪和西南季风带来的雨
shuǐ hé shuǐ chōng jī ní shā xíng chéng le liáo kuò de héng hé píng
水。河水冲积泥沙，形成了辽阔的恒河平
yuán hé sān jiǎo zhōu yìn dù yuē sì fēn zhī yī de lǐng tǔ dōu wèi
原和三角洲。印度约四分之一的领土都位
yú héng hé liú yù liú yù nèi tǔ rǎng féi wò rén kǒu chóu mì
于恒河流域，流域内土壤肥沃，人口稠密，
nóng yè fā dá
农业发达。

阅读延伸

瓦拉纳西是印度一座古老的城市，在恒河中游地段，是印度教的圣地，城中有上千座寺庙。每天清晨，都有成千上万的印度教徒来到恒河边沐浴礼拜。

鄂毕河

鄂毕河是俄罗斯第三大河，位于西伯利亚西部，注入北冰洋。鄂毕河水量丰富，大小支流超过15万条。鄂毕河流域是典型的大陆性气候，冬季漫长而寒冷，河流结冰期很长，一些河段结冰期可达4～6个月。鄂毕河上游每年有190天左右可通航，下游每年有150天左右可通航，是西西伯利亚重要的运输通道。

阅读延伸

鄂毕河两岸有宽阔、丰饶的草地，有雪松、白冷杉、白杨等树木，还生长着荚蒾、稠李、鼠李、野玫瑰等植物。鄂毕河中有50多种鱼类，包括鲟、白鲑、狗鱼等，然而一些河段的季节性冰盖，会造成鱼类缺氧死亡。

yìn dù hé
印度河

yìn dù hé cóng zhōng guó jìng nèi liú chū guàn chuān bā jī
印度河从中国境内流出，贯穿巴基
sī tǎn quán jìng zhù rù ā lā bó hǎi yìn dù hé ā fù hàn
斯坦全境，注入阿拉伯海。印度和阿富汗
jìng nèi dōu yǒu tā de zhī liú yìn dù hé shàng yóu chǔ yú gāo shān
境内都有它的支流。印度河上游处于高山
qū hé dào xiá zhǎi luò chā dà duō jí liú xiǎn tān xià yóu
区，河道狭窄，落差大，多急流险滩，下游
hé dào kuān kuò liú sù màn yìn dù hé píng yuán cóng xǐ mǎ lā
河道宽阔，流速慢。印度河平原从喜马拉
yǎ shān lù yán shēn dào ā lā bó hǎi shì shì jiè shàng zuì dà de
雅山麓延伸到阿拉伯海，是世界上最大的
chōng jī píng yuán zhī yī hé kǒu sān jiǎo zhōu yóu yú ní shā de duī
冲积平原之一。河口三角洲由于泥沙的堆
jī miàn jī zhú nián kuò dà
积，面积逐年扩大。

阅读延伸

印度河平原约占巴基斯坦领土面积的三分之一，是巴基斯坦的经济文化中心。这一带土壤肥沃，雨水充足，非常有利于农业生产，主要作物有小麦、大麦、棉花等。

lè ná hé

勒拿河

lè ná hé wèi yú é luó sī jìng nèi xiān hòu huì rù le
勒拿河位于俄罗斯境内，先后汇入了
jī lián jiā hé wéi jì mǔ hé ào liào kè mǎ hé ā ěr dān
基廉加河、维季姆河、奥廖克马河、阿尔丹
hé wéi liǔ yī hé děng zhī liú zhù rù běi bīng yáng lè ná hé
河、维柳伊河等支流，注入北冰洋。勒拿河
xià jì duō hóng shuǐ dōng jì liú liàng xiǎo měi nián yǒu gè yuè
夏季多洪水，冬季流量小，每年有6~8个月
de jié bīng qī hé shuǐ zhōng de dà liàng ní shā chén jī zài rù hǎi
的结冰期。河水中的大量泥沙沉积在入海
kǒu xíng chéng le miàn jī yuē wàn píng fāng qiān mǐ de sān jiǎo zhōu
口，形成了面积约3.2万平方千米的三角洲。
lè ná hé shuǐ dào wǎng chóu mì yǒu hěn dà de háng yùn jià zhí
勒拿河水道网稠密，有很大的航运价值。

阅读延伸

勒拿河流域的森林资源、矿产资源都很丰富。流域内的主要森林类型是泰加林，主要植物有云杉、雪松等，下游有苔原分布。流域内不仅有煤炭、石油、天然气、铁、铅、锌等矿产，还有丰富的黄金和钻石矿藏。

锡尔河

锡尔河位于亚洲中部，是中亚最长的河流，流经乌兹别克斯坦、塔吉克斯坦和哈萨克斯坦三个国家，注入咸海。河流上游流经山地，含沙量高，泥沙堆积在下游，致使河口三角洲面积不断扩大。因为灌溉用水多，加之天气干旱，锡尔河中下游河段无支流汇入。河流下游流经平原时，经常改变河道，在洪水季节溢出河岸。

阅读延伸

锡尔河水力资源丰富，主要支流有阿汉加兰河、克列斯河和阿雷西河等。河畔有多座水电站，较大的有法尔哈德、凯拉库姆、恰尔达拉等。锡尔河每年有大约4个月的结冰期，流域内的主要气候为大陆性气候。

阿姆河

阿姆河是中亚地区水量最大的河流，流经土库曼斯坦、乌兹别克斯坦等国家，注入咸海。阿姆河处于大陆内部，河水来源于海拔约4900米的冰川。中上游流经山地，高山截断水汽，降水多，水量大。下游经过平原和沙漠，降水少，河水含沙量高，每年有3个月左右的结冰期。流域内夏季炎热干燥，冬季严寒凛冽。

阅读延伸

阿姆河流域动植物资源丰富。流域内有鸟类200多种，常见的植物有桧、白杨、柳等，兽类有野猪、野猫、豺等，鱼类有鲟、鲤、鲑等。

塔里木河

塔里木河，位于塔里木盆地北部，沿塔克拉玛干沙漠北缘，流入台特马湖，是中国最长的内陆河。塔里木盆地四周分布着大量的高山和冰川，冰雪融水几乎占塔里木河流域地表水的一半。塔里木河地处内陆，远离海洋，被高山环绕，流域内形成了大陆性气候，冬冷夏热，蒸发强烈，干燥少雨。

阅读延伸

塔里木河流域有许多珍贵的野生动物，山区有盘羊、岩羊、雪豹、猞猁、棕熊等，平原荒漠区有野骆驼、鹅喉羚、沙狐、草原斑猫等，流域内的塔里木马鹿和塔里木兔是塔里木盆地特有的生物。

额尔齐斯河

额尔齐斯河是鄂毕河最大的支流，流经中国、哈萨克斯坦和俄罗斯，中国境内的部分长约546千米。额尔齐斯河在俄罗斯汇入鄂毕河，最终流入北冰洋。河水补给主要依靠冰雪融水和降水。河流上游水量充沛，河谷宽广，落差集中，水能资源丰富；下游水草丰茂，绿树成荫，有极高的科学考察、旅游等价值。

阅读延伸

五彩滩位于新疆布尔津县，额尔齐斯河北岸，河岸岩石所含矿物不同，因而呈现不同的色彩。五彩滩岩石以红色为主，间杂黄、白、绿、紫、黑及过渡颜色，色彩缤纷。对岸是绵延的树林，两岸景色截然不同。

抚仙湖

抚仙湖是云南省第三大湖，它的形状像一个葫芦，北部较宽，湖水比较深，南部略窄，湖水相对较浅。湖面平均宽度约为6.7千米，湖岸线长度约为90千米。抚仙湖是中国第二深的淡水湖，最大深度超过150米。抚仙湖水质清澈，透明度最大可超过12米，深水区呈蓝绿色。湖水补给主要来自地下水和降水。

阅读延伸

抚仙湖储水量极大，云南省其他湖泊的储水量总和也不及抚仙湖的一半。抚仙湖是深水湖泊，具有储存热能、调节湖区温度的功能，湖水一年四季温度变化不大。抚仙湖湖水洁净，适于生活饮用和渔业生产。

wǔ huā hǎi

五花海

wǔ huā hǎi wèi yú sì chuān shěng jiǔ zhài gōu guó jiā gōng yuán

五花海位于四川省九寨沟国家公园，

yǒu jiǔ zhài gōu yì jué hé jiǔ zhài jīng huá de měi yù

有“九寨沟一绝”和“九寨精华”的美誉。

yóu yú shuǐ dǐ de gài huá chén jī gè zhǒng yàn lì de zǎo lèi

由于水底的钙华沉积、各种艳丽的藻类，

yǐ jí qí tā chén shuǐ zhí wù hú dǐ xíng chéng le bān lán de sè

以及其他沉水植物，湖底形成了斑斓的色

kuài tóng yí piàn shuǐ yù chéng xiàn chū bù tóng de sè cǎi yǒu é

块。同一片水域，呈现出不同的色彩，有鹅

huáng mò lǜ zàng qīng shēn lán děng yán sè hú dǐ cháng qī yǒu

黄、墨绿、藏青、深蓝等颜色。湖底长期有

héng wēn shuǐ yuán bǔ jǐ yīn cǐ hú shuǐ bú huì yīn wèi qì hòu biàn

恒温水源补给，因此湖水不会因为气候变

huà ér fā shēng biàn huà

化而发生变化。

阅读延伸

五花海底部的湖水，一半是湖绿色，一半是翠绿色，非常奇妙。秋季来临时，湖畔的山林上，一丛丛树木呈现出金色、橙色、黄绿色、浅绿色、墨绿色等不同的色彩，层次分明，与湖中的倒影连在一起，美不胜收。

贝加尔湖

贝加尔湖位于东西伯利亚南部，有“西伯利亚明珠”之称。贝加尔湖最深处超过1 600米，是世界上最深的湖泊，也是欧亚大陆最大的淡水湖。共有300多条大小河川注入贝加尔湖，其中色楞格河为贝加尔湖补给了超过一半的水量。贝加尔湖冬季平均气温约为零下38℃，每年1月湖面开始结冰，5月之后解冻。

阅读延伸

贝加尔湖淡水储量约占全世界淡水储量的五分之一。湖中已知动物有2 000多种，较为著名的有贝加尔海豹、凹目白鲑、奥木尔鱼等。贝加尔湖地区矿产资源丰富，包括煤炭、原油、天然气、石棉、金属等很多种。

茶卡盐湖

茶卡盐湖位于青海省乌兰县茶卡镇，是一个天然结晶盐湖。湖面在白色的盐晶体之上，有极强的反射能力，宛如一面镜子，因而茶卡盐湖被称为“天空之镜”。茶卡盐湖夹在两座雪山之间，雪山、白云倒映在湖面上，形成水天相交的独特自然风光。湖水的水深、面积受季节影响较大，枯水季节湖水面积会减小。

阅读延伸

茶卡盐湖是柴达木盆地四大盐湖中开发最早的一个，含盐量高，易开采。盐晶含有矿物质，呈现青黑色，因而被称为“青盐”。茶卡盐湖水生生物贫乏，周围地区植物稀少且多为草本植物，早熟禾和蒿草数量较多。

xián hǎi

咸海

咸海是中亚地区的一处咸水湖，位于哈萨克斯坦和乌兹别克斯坦交界处。咸海原来是世界第四大湖，湖水主要依靠阿姆河和锡尔河补给。现在阿姆河基本不再流入咸海，加之人类不合理的利用，咸海迅速萎缩。1987 年，咸海分成了南咸海和北咸海两部分。2014 年，南咸海大部分都已干涸，北咸海在长期治理下，面积基本恢复。

阅读延伸

咸海湖面面积最大时约有68 000平方千米。曾经，咸海渔业发达，咸海的捕鱼量约占苏联总捕鱼量的1/6。咸海含盐量比淡水湖高很多，湖水的大面积干涸，使得盐浓度进一步增加，造成了农田盐碱化以及一系列问题。

青海湖

青海湖位于青海省，青藏高原东北部，是中国第一大咸水湖，也是中国最大的内陆湖泊。青海湖原是外流湖，湖水流入黄河，后来由于周围山地隆起，外流通道堵塞，青海湖逐渐演变成了闭塞湖。加上气候变干，原是淡水湖的青海湖逐渐变成了咸水湖。青海湖地区是高原大陆性气候，冬冷夏凉，日照充足，降水少。

阅读延伸

青海湖地区居住着藏族、汉族、蒙古族、回族、土族、撒拉族、满族等民族，其中藏族人口占大多数。青海湖周围土壤肥沃，地势平坦，水量充沛，适宜农业生产。这里有辽阔的天然牧场，是重要的畜牧业生产基地。

ōu zhōu
欧洲

欧洲整体地势平坦，因而多数水流平稳，河网密布，河流的航运价值高。欧洲大陆轮廓曲折破碎，又有山岭限制，难以形成长河，许多河流都很短小。欧洲国家数量多，且许多国家领土面积小，所以多国际性河流，例如莱茵河、多瑙河、易北河等。法国境内的塞纳河、英国境内的泰晤士河等也是欧洲著名的河流。

fú ěr jiā hé
伏尔加河

fú ěr jiā hé wèi yú é luó sī xī nán bù zhù rù lǐ
伏尔加河位于俄罗斯西南部，注入里
hǎi tā shì ōu zhōu zuì cháng de hé liú yě shì shì jiè shàng zuì
海，它是欧洲最长的河流，也是世界上最
cháng de nèi liú hé fú ěr jiā hé hé wǎng mì bù zhī liú zhòng
长的内流河。伏尔加河河网密布，支流众
duō zhǔ yào zhī liú yǒu duō tiáo kǎ mǎ hé hé ào kǎ hé
多，主要支流有200多条，卡马河和奥卡河
fēn bié shì tā zuǒ àn yòu àn zuì dà de zhī liú hé shuǐ bǔ
分别是它左岸、右岸最大的支流。河水补
jǐ zhǔ yào yī kào róng xuě qí cì shì dì xià shuǐ hé yǔ shuǐ
给主要依靠融雪，其次是地下水和雨水。
fú ěr jiā hé shì é luó sī de mǔ qīn hé quán guó yuē yǒu
伏尔加河是俄罗斯的“母亲河”，全国约有
de rén kǒu jū zhù zài fú ěr jiā hé liú yù
43%的人口居住在伏尔加河流域。

阅读延伸

伏尔加河水资源丰富，河上修建了很多堤坝、水库、水电站。流域内湖泊众多，上游湖泊较为集中，有谢利格尔湖、白湖、斯捷尔日湖、彼诺湖等。伏尔加河及其支流上还有许多船上疗养所，具有巨大的旅游价值。

lái yīn hé

莱茵河

lái yīn hé shì xī ōu dì yī dà hé liú jīng ruì shì
莱茵河是西欧第一大河，流经瑞士、
liè zhī dūn shì dēng ào dì lì fǎ guó dé guó hé hé lán
列支敦士登、奥地利、法国、德国和荷兰，
zhù rù dà xī yáng dōng běi bù de běi hǎi lái yīn hé shuǐ liàng chōng
注入大西洋东北部的北海。莱茵河水量充
pèi liú sù huǎn màn dōng jì yě bù cháng jié bīng fēi cháng shì hé
沛，流速缓慢，冬季也不常结冰，非常适合
háng yùn tā de tōng háng lǐ chéng chāo guò qiān mǐ shì shì jiè
航运。它的通航里程超过800千米，是世界
shàng háng yùn zuì fán máng de hé liú zhī yī lái yīn hé hái tōng guò
上航运最繁忙的河流之一。莱茵河还通过
yùn hé yǔ qí tā dà hé lián jiē zài yì qǐ gòu chéng le sì tōng
运河与其他大河连接在一起，构成了四通
bā dá de háng yùn wǎng
八达的航运网。

阅读延伸

在莱茵河中游，德国的美因茨至科布伦茨之间，河道蜿蜒，河水清澈，风景秀丽。河道两岸是青翠的山林，山坡上排列着碧绿的葡萄园，古堡、宫殿、城镇散落在山上，自然景观和人文景观完美地结合在一起。

duō nǎo hé
多瑙河

duō nǎo hé wèi yú zhōng ōu dōng nán bù， gàn liú liú jīng dé guó、ào dì lì、sī luò fá kè、xiōng yá lì、kè luó dì yà、sài ěr wéi yà、bǎo jiā lì yà、luó mǎ ní yà、mó ěr duō wǎ、wū kè lán， zhù rù hēi hǎi， shì liú jīng guó jiā zuì duō de hé liú。duō nǎo hé shàng yóu liú jīng shān dì， hé dào xiá zhǎi， liǎng àn qiào bì gāo sǒng； zhōng yóu liú jīng píng yuán， jiē nà le zhòng duō zhī liú， shuǐ liàng měng zēng； xià yóu shuǐ liú píng wěn， hé gǔ fēi cháng kuān kuò。

多瑙河位于中欧东南部，干流流经德国、奥地利、斯洛伐克、匈牙利、克罗地亚、塞尔维亚、保加利亚、罗马尼亚、摩尔多瓦、乌克兰，注入黑海，是流经国家最多的河流。多瑙河上游流经山地，河道狭窄，两岸峭壁高耸；中游流经平原，接纳了众多支流，水量猛增；下游水流平稳，河谷非常宽阔。

阅读延伸

多瑙河从许多风格独特的城市中穿过，沿岸旅游资源丰富。布达佩斯有许多城堡和温泉；维也纳的街头巷尾都可以听到优美的音乐；贝尔格莱德盛产甜菜、向日葵和各种水果；雷根斯堡到处是古老的教堂、宅邸和酒肆。

tài wù shì hé

泰晤士河

tài wù shì hé shì yīng guó de mǔ qīn hé héng guàn yīng
泰晤士河是英国的“母亲河”，横贯英
guó duō zuò chéng shì zhù rù běi hǎi tài wù shì hé yùn yù
国10多座城市，注入北海。泰晤士河孕育
le yīng gé lán wén míng lún dūn zhù míng de rén wén jǐng guān yě dà
了英格兰文明，伦敦著名的人文景观也大
duō zài tài wù shì hé liǎng àn rú nà ěr xùn hǎi jūn tǒng shuài diāo
多在泰晤士河两岸，如纳尔逊海军统帅雕
xiàng wēi sī mǐn sī tè jiào táng shèng bǎo luó dà jiào táng lún dūn
像、威斯敏斯特教堂、圣保罗大教堂、伦敦
tǎ lún dūn tǎ qiáo děng tài wù shì hé dōng jì yì bān bù jié
塔、伦敦塔桥等。泰晤士河冬季一般不结
bīng shuǐ wèi wěn dìng tōng guò yùn hé yǔ qí tā hé liú lián tōng
冰，水位稳定，通过运河与其他河流连通，
yǒu liáng hǎo de háng yùn tiáo jiàn
有良好的航运条件。

阅读延伸

泰晤士河是英国最大的河流，支流众多，水网复杂，其入海口与莱茵河的河口隔着北海遥遥相望。泰晤士河上游段仅可通小船，牛津与伦敦之间的河段可航行帆船、小汽船、汽艇等，伦敦以下的河段可行驶大型的船只。

第聂伯河

第聂伯河是欧洲第三大河，流经俄罗斯、白俄罗斯、乌克兰，注入黑海。第聂伯河水资源分布不均，上游水资源最为丰富，河水补给主要依靠融雪。河上建有第聂伯河、卡涅夫、卡霍夫、基辅等水电站。第聂伯河流域的降水量由北向南递减，西北部年降水量有700～800毫米，东南部则不超过300毫米。

阅读延伸

第聂伯河每年有2~4个月的结冰期，河流南部结冰时间较短，北部结冰时间长。第聂伯河右岸最大的支流是普里皮亚季河，发源于乌克兰境内，左岸最大的支流是杰斯纳河，发源于俄罗斯斯摩棱斯克州。

塞纳河

塞纳河是法国北部的一条大河，流入英吉利海峡。塞纳河对巴黎的形成、发展、生活、景观、工业、水运，都起着重要的作用，巴黎就是在塞纳河的渡口上建立起来的。巴黎周围地区，有一半的工业用水和居民用水都来自塞纳河。塞纳河的水情具有规律性，流量稳定，流势平缓，降水均衡，全程都可通航。

阅读延伸

塞纳河两岸有很多著名的建筑，河北岸有大小皇宫，河西面有埃菲尔铁塔，河中的岛屿西岱岛上有著名的巴黎圣母院。河畔是宽阔的堤岸，岸上种植着梧桐树。乘坐塞纳河上的游船，可以饱览两岸的美景。

顿河

顿河位于俄罗斯的欧洲部分，注入亚速海。霍皮奥尔河和北顿涅茨河分别是顿河左右两岸最大的支流，乌克兰境内也有顿河的部分支流。顿河全河落差较小，水流平缓，通航里程超过1 300千米。顿河流域冬季不严寒，夏季不炎热，1月份的平均气温为零下15℃左右，7月份的平均气温约为25℃。

阅读延伸

顿河每年有4~5个月的结冰期，河水补给主要来自融雪。顿河上游流经森林草原带，河右岸有平原。中游河谷变得宽阔，沿河有泛滥平原和许多小湖泊。下游地势平缓，水流缓慢，河岸有开阔的大草原。

bù ěr xiē hú 布尔歇湖

布尔歇湖是法国最大的天然冰川湖泊，位于法国东南部。湖泊西部与汝拉山接壤，东岸是博日山脉省级地质森林公园，湖区风景优美，气候宜人。湖区有着多样的生态系统，部分区域生长着地中海类植物，如黄杨、无花果树等，重要鸟类有翠鸟、白腰杓鹬等，鱼类有白鲑、白斑狗鱼、北极红点鲑等。

阅读延伸

布尔歇湖夏季水温稳定在26℃左右，适宜各种水上运动的开展。湖东岸的城镇艾克斯莱班，拥有众多专业的水上运动团队和俱乐部，为游客提供多种多样的水上运动项目，各类人群都能在这里学习水上运动。

安纳西湖

安纳西湖位于法国上萨瓦省，在阿尔卑斯山旁边，周围山脉上有许多小河注入安纳西湖。20世纪60年代，安纳西湖实施了一系列严格的环境保护措施，效果显著。它因良好的环境被称为欧洲最清澈的湖。湖上多样的水上娱乐活动，吸引了很多慕名而来的游客。在湖畔漫步，或泛舟湖上，实在是一种美好的享受。

阅读延伸

安纳西湖北端的小城安纳西是阿尔卑斯山麓最古老的小城，被称作“阿尔卑斯山的阳台”。小城最具有代表性的景点是城中运河上的小岛——中皇岛，它是一座石砌的宫殿，外形像一艘船，建造于12世纪。

加尔达湖

加尔达湖位于意大利的米兰和威尼斯之间、阿尔卑斯山南麓，是意大利最大的湖泊。有阿尔卑斯山作为屏障，加尔达湖形成了温和的地中海气候。湖滨是著名的休闲游览圣地，游客可乘坐小汽艇在湖滨城镇间来往。湖水温度适宜，5—9月皆可在湖中游泳。湖岸生长着橄榄、柑橘、葡萄、棕榈等茂盛的植物。

阅读延伸

加尔达湖沿岸有古老的城堡、美丽的小镇、温暖的沙滩和各种各样的娱乐设施，吸引了大量游客。在这里，人们可以尝试各种运动，如游泳、帆船、滑翔、漂流、登山等，湖区的美食和葡萄酒也独具特色。

rì nèi wǎ hú

日内瓦湖

rì nèi wǎ hú yí bù fen wèi yú ruì shì jìng nèi yí bù
日内瓦湖一部分位于瑞士境内，一部
fen wèi yú fǎ guó jìng nèi tā shì yóu fā yuán yú ā ěr bēi sī
分位于法国境内。它是由发源于阿尔卑斯
shān de luó nà hé bèi bīng qì wù zhì zǔ duàn ér xíng chéng de hú
山的罗纳河，被冰碛物质阻断而形成的湖
pō yǒu duō zuò bīng chuān de róng shuǐ hé duō tiáo hé zhù rù
泊。有200多座冰川的融水和40多条河注入
rì nèi wǎ hú hú qū qì hòu yí rén jǐng sè yōu měi hú biān
日内瓦湖。湖区气候宜人，景色优美。湖边
gōng yuán biàn bù yǒu méi gui gōng yuán zhēn zhū gōng yuán jī liú gōng
公园遍布，有玫瑰公园、珍珠公园、激流公
yuán děng hú bīn hái yǒu chéng piàn de bié shù hóng qiáng lǜ wǎ fèn
园等。湖滨还有成片的别墅，红墙绿瓦，分
wài měi lì
外美丽。

阅读延伸

日内瓦湖内有一个巨大的人工喷泉，格外引人注目。喷泉建于1891年，可喷射约90米高的水柱。经改建后，喷泉的功率更大了，水速更快了，水柱高度可以达到140米，同一时刻约有7吨水停留在空中，美丽壮观。

fēi zhōu
非洲

扫一扫 听一听

非洲不同地区的降水差异非常大。赤道地区地势平缓，终年多雨，众多河流组成了刚果河水系。大陆东南部地区降水充足，也形成了一些大的水系。非洲很多地区特别干旱，降水少，河流也少。非洲的外流河多为大河，大部分都流入大西洋或地中海，如刚果河、尼罗河、尼日尔河等。非洲大陆边缘多山，沿海地区河流较短小。

尼罗河

尼罗河流经非洲东部与北部，注入地中海，是世界上最长的河流。尼罗河的河水约有60%来自青尼罗河，32%来自白尼罗河，8%来自阿特巴拉河。尼罗河流域有多种鱼类，如罗非鱼、大尼罗河鱼等，还有鳄鱼、巨蜥、软壳龟和蛇等动物。尼罗河流域的面积约占非洲总面积的10%，流域内气候普遍干旱。

阅读延伸

埃塞俄比亚高原的季节性暴雨，使青尼罗河和阿特巴拉河水量猛增，河水流入尼罗河，导致尼罗河定期泛滥。尼罗河洪水退去后，留下的淤泥会形成肥沃的土壤。古埃及人掌握了洪水的规律，在尼罗河河谷种植作物。

gāng guǒ hé
刚果河

刚果河位于非洲中西部，是非洲第二长河。刚果河干流呈一个大弧形，贯穿刚果盆地，两次穿过赤道，注入大西洋。刚果河流域的热带雨林，面积约200万平方千米，是世界第二大热带雨林。众多水量丰富的支流汇入刚果河，加之流域内终年不断的、有规律的降水，使得刚果河的流量常年大而稳定。

阅读延伸

刚果河流域气候湿润炎热，生物资源丰富，有200多种典型的赤道森林鸟类，河中的鱼类和鳄鱼也非常多。刚果河左岸最大支流是开赛河，右岸最大支流是乌班吉河。刚果河的干流和支流共约16 000千米可通航。

尼日尔河

尼日尔河位于西非，流经几内亚、马里、尼日尔、贝宁和尼日利亚等国，注入几内亚湾。尼日尔河被称作西非的“母亲河”，是非洲第三长河，水力资源较为丰富。尼日尔河上游降水多，支流多，水量大。中游缺少支流，蒸发强烈，水量减少。下游流经多雨地区，汇入许多支流，水量增大。

阅读延伸

尼日尔河约75%的河段都可通航，是西非重要的通航河流。根据水位的周期变化，不同河段可通航的时间是不同的。尼日尔河有很多鱼类，鲇、鲤、尖吻鲈等是主要的食用鱼，流域内还有河马、鳄鱼、蜥蜴等动物。

赞比西河

赞比西河位于非洲东南部，干流流经安哥拉、纳米比亚、博茨瓦纳、津巴布韦、赞比亚和莫桑比克等国，注入印度洋，是非洲第四大河流。赞比西河处在热带区，上、中游在高原上，温度随着高度变化，总体比较温和，在18～30℃。下游流经平原地区，降水较上游增多，温度和湿度也比较高。

阅读延伸

赞比西河中游流经南非高原的一系列峡谷地段时，形成多处瀑布、急流，其中包括著名的维多利亚瀑布。维多利亚瀑布位于赞比亚与津巴布韦两国接壤处，落差有100多米，宽约1800米，水雾形成的彩虹在很远处就能看到。

奥兰治河

奥兰治河位于非洲南部，发源于莱索托高原，穿过南非草原区，注入大西洋。奥兰治河水量不稳定，多瀑布急流，且河口、河床常被淤堵，导致整个河道都不能通航，因此河上架设了很多桥梁。河流上游降水充沛，支流众多，水能资源丰富。中下游地区气候干燥，蒸发强烈，且支流少，冬季下游常常干枯。

阅读延伸

奥兰治河沿岸没有大城镇，淡水供给所及的地方散布着村庄和农田。奥兰治河的源头处无人居住，河流流经的一些高原地区和干燥灌木地区被用来放牧。沿河道的一些灌溉段被居民种植了棉花、葡萄、苜蓿和海枣等。

维多利亚湖

维多利亚湖位于东非高原，在坦桑尼亚、乌干达和肯尼亚境内都有分布，是非洲最大的湖泊，也是世界第二大淡水湖。湖的西南岸是高耸的悬崖，北岸曲折多弯但平坦、光秃。湖中有很多岛屿和暗礁，最大的岛是乌凯雷韦岛。维多利亚湖巨大的水体对周围地区的气候起到调节作用，使之成为多雨地区。

阅读延伸

维多利亚湖是非洲最大的淡水鱼产地，其中非洲鲫鱼最为有名。湖中鳄鱼、河马和各种水鸟的数量也非常多。湖周围森林牧草繁多，树木丰茂，狮子、斑马、长颈鹿、大象、豹子、犀牛等动物随处可见。

tǎn gá ní kā hú
坦噶尼喀湖

坦噶尼喀湖位于非洲中部，东非大裂谷地带的西部裂谷处，是世界上最狭长的淡水湖，也是世界第二深湖。坦噶尼喀湖的淡水储量仅次于贝加尔湖。坦噶尼喀湖两岸都被海拔2 000米左右的高山隔挡，使得这里非常炎热，降雨也少，但有很多溪流从山上注入湖泊中。湖水经过卢库加河，流入刚果河，注入大西洋。

阅读延伸

坦噶尼喀湖水产丰富，湖中有300多种鱼类，湖区约有4.5万个渔场。附近居民在湖滨种植稻米、小麦、高粱、木薯等农作物，还有咖啡、烟草、棉花、蓖麻等经济作物。当地盛产剑麻，有“世界剑麻之乡”的称号。

马拉维湖

马拉维湖是非洲第三大湖，位于东非大裂谷最南边，由断层陷落而成。常年注入湖中的河流有10多条，湖水唯一的出口是希雷河。马拉维湖所在地区气候温暖，年平均气温高于22℃，降雨具有季节性。湖中的鱼种类丰富，其中80%左右是这里特有的品种。位于湖南端的马拉维湖国家公园作为自然遗产被列入《世界遗产名录》。

阅读延伸

马拉维湖有一个奇异的现象：上午9点左右，湖水开始下降，水位下降6米左右，会停止大约2个小时，然后接着下降，直到露出浅滩，4个小时后，湖水开始重新上涨。这种现象多久出现一次是没有规律可循的。

měi zhōu
美洲

扫一扫 听一听

北美洲内流区域的面积约占北美洲面积的12%，外流区域约占88%。北美洲的大河除了圣劳伦斯河，都发源于落基山脉。落基山脉东边的河流一般流入大西洋和北冰洋，西边的河流会注入太平洋。南美洲以安第斯山脉为界，西面河流大多比较短，水流急促，注入太平洋，东面河流大多水量丰富、支流众多、流域广阔。

mì xī xī bǐ hé

密西西比河

mì xī xī bǐ hé wèi yú běi měi zhōu zhōng nán bù zhù rù
密西西比河位于北美洲中南部，注入
mò xī gē wān shì běi měi zhōu shuǐ liàng zuì dà liú chéng zuì cháng
墨西哥湾，是北美洲水量最大、流程最长
de hé liú mì xī xī bǐ hé liú yù miàn jī yuē zhàn běi měi zhōu
的河流。密西西比河流域面积约占北美洲
miàn jī de měi guó de gè zhōu hé jiā ná dà de gè
面积的1/8。美国的31个州和加拿大的2个
shěng yǐn yòng shuǐ quán bù huò bù fen lái zì mì xī xī bǐ hé
省，饮用水全部或部分来自密西西比河。
mì xī xī bǐ hé shì měi guó zhòng yào de háng dào gàn liú yuē yǒu
密西西比河是美国重要的航道，干流约有
qiān mǐ kě tōng háng chú gàn liú wài yǒu duō tiáo zhī liú
3 400千米可通航，除干流外，有50多条支流
kě yǐ tōng háng
可以通航。

阅读延伸

除了少量干支流河段每年有一两个月的结冰期外，密西西比河全年都可通航。密西西比河还通过运河与其他水系连通，为航运业提供了数万个工作岗位。河上主要运输的货物有面粉、棉花、煤、金属等。

shèng láo lún sī hé

圣劳伦斯河

shèng láo lún sī hé wèi yú běi měi zhōu zhōng dōng bù zhù
圣劳伦斯河位于北美洲中东部，注
rù dà xī yáng shèng láo lún sī wān hé shàng yóu shuǐ lì zī yuán fēng
入大西洋圣劳伦斯湾。河上游水力资源丰
fù yǒu shuǐ dào hé wǔ dà hú lián jiē zhōng yóu shuǐ shēn zēng jiā
富，有水道和五大湖连接。中游水深增加，
shuǐ liàng hé shuǐ wèi wěn dìng xià yóu hé miàn biàn kuān liú sù biàn
水量和水位稳定。下游河面变宽，流速变
màn hé kǒu chù xiū jiàn le yí xì liè shuǐ kù shuǐ dào lán
慢，河口处修建了一系列水库、水道、拦
hé bà chuán zhá shèng láo lún sī hé jì jié jiàng shuǐ fēn bù jūn
河坝、船闸。圣劳伦斯河季节降水分布均
yún yòu yǒu wǔ dà hú de tiáo jié shuǐ liàng quán nián biàn huà
匀，又有五大湖的调节，水量全年变化
bú dà
不大。

阅读延伸

圣劳伦斯河有鲱鱼、鲟鱼、银白鱼等鱼类，有白鲸等哺乳动物，还有海螂之类的软体动物。成群结队迁徙的鹅、鸨、鸭等动物，在河岸和沙滨觅食。圣劳伦斯河下游有大片由落叶林、针叶林、混合林和泰加林组成的区域。

yà mǎ sūn hé

亚马孙河

yà mǎ sūn hé wèi yú nán měi zhōu běi bù shì shì jiè shàng
亚马孙河位于南美洲北部，是世界上
liú liàng zuì dà liú yù miàn jī zuì guǎng de hé liú yà mǎ sūn
流量最大、流域面积最广的河流。亚马孙
hé de liú liàng yuē zhàn shì jiè rù hǎi hé liú zǒng liú liàng de wǔ fēn
河的流量约占世界入海河流总流量的五分
zhī yī tā de zhī liú chāo guò wàn tiáo yà mǎ sūn hé wèi
之一，它的支流超过1.5万条。亚马孙河位
yú chì dào fù jìn jiàng shuǐ duō shuǐ wèi biàn huà xiǎo méi yǒu jié
于赤道附近，降水多，水位变化小，没有结
bīng qī shuǐ néng zī yuán fēng fù liú yù nèi guǎng bù rè dài yǔ
冰期，水能资源丰富。流域内广布热带雨
lín zhí bèi fù gài qíng kuàng liáng hǎo hé shuǐ hán shā liàng shǎo
林，植被覆盖情况良好，河水含沙量少。

阅读延伸

世界上最大的森林——亚马孙热带雨林，就位于亚马孙河流域。亚马孙热带雨林横跨南美洲8个国家，约占世界森林面积的20%。这里有世界上最丰富的生物资源，植物、昆虫、鸟类等生物种类多达数百万种。

马更些河

马更些河是加拿大最长的河流，也是北美洲第二长河，注入北冰洋。流域的大部分都位于北美洲大平原，并流经平原中部的马更些低地。流域内降水少，河水补给主要来自冰雪融水。河流处于寒冷地区，每年有7个月以上的结冰期，水资源开发困难。河水解冻期间，水位抬高，常发生洪水泛滥的情况。

阅读延伸

马更些河流域人口稀少，自然资源贫乏且不易开采。流域内主要产出的鱼类有湖鳟、鲑鱼、白鱼等，兽类有麝鼠、猞猁、貂、海狸等。当地的印第安人早期主要以渔猎和皮毛贸易为生。流域南部有农田、牧场和果园。

巴拉那河

巴拉那河是南美洲第二大河流，干支流流经巴西、巴拉圭、阿根廷等国，与乌拉圭河汇合后称拉普拉塔河。流域上游多山地和丘陵，大部分地区海拔在1 000米左右。中游在流经马卡拉儒山后，急速下泻，形成瓜伊拉瀑布。下游地势平缓，河流多弯，河道开阔。全河约有2 700千米的河段可全年通航。

阅读延伸

巴拉那河流域大部分地区都是亚热带湿润气候，河流沿岸有玉米、小麦、大豆、高粱等作物。巴拉那河的水能资源得到了充分开发，在巴西和巴拉圭边境处的河段，就建有目前世界上发电量第二大的伊泰普水电站。

tài hào hú
太浩湖

太浩湖横跨美国加利福尼亚州和内华达州，是北美洲最大的高山湖泊，美国第二深湖。太浩湖四周被山峰环绕，山上树木茂密，空气清新。湖水非常清澈，能见度可达20米，从空中俯瞰，湖面就如同一颗澄澈湛蓝的宝石。该地区每年有8个月的降雪期，积雪经常覆满道路，湖水却不会结冰。

阅读延伸

太浩湖景色怡人，被作家马克·吐温称作“全世界最美的地方之一”。夏季湖水碧蓝，群山翠绿，可以在湖里游泳、划船、开水上摩托。冬天白雪皑皑，山区有各种滑雪场，适宜滑雪。沿岸有上千家旅店、餐馆。

阿蒂特兰湖

阿蒂特兰湖位于危地马拉西南部，是火山爆发后，火山口崩塌积水形成的。高山环绕着湖泊，并有三座火山坐落在湖的南侧，分别是阿蒂特兰火山、托利曼火山、圣佩德罗火山。湖泊周围的盆地有咖啡、玉米、洋葱、南瓜、鳄梨和火龙果等作物，湖中的动物也是周围居民重要的食物来源。

阅读延伸

阿蒂特兰湖周围有许多村落，村落里盛行玛雅文化，居民穿着传统的玛雅服饰，延续着玛雅文化的习俗。这里多年来游人众多，沿湖有许多度假屋和宾馆。

cǎi hóng hú

彩虹湖

gē lún bǐ yà de cǎi hóng hú wèi yú ān dì sī shān mài dōng
哥伦比亚的彩虹湖位于安第斯山脉东
bù bèi rén men yù wéi lái zì tiān táng de hé liú yě bèi
部，被人们誉为“来自天堂的河流”，也被
chēng zuò shuǐ jīng hé wǔ sè hé měi nián de yuè
称作“水晶河”“五色河”。每年的6—12月，
hú shuǐ huì biàn de wǔ cǎi bān lán rú mèng rú huàn zhè shì yóu
湖水会变得五彩斑斓，如梦如幻。这是由
yú hú zhōng shēng zhǎng zhe yì zhǒng jiào mǎ kǎ lián nà de zǎo lèi
于湖中生长着一种叫“玛卡莲娜”的藻类，
zhè zhǒng zǎo lèi zài chéng zhǎng de bù tóng jiē duàn huì biàn huàn chū huáng
这种藻类在成长的不同阶段，会变换出黄
sè lǜ sè hóng sè děng bù tóng sè cǎi
色、绿色、红色等不同色彩。

阅读延伸

彩虹湖并非一年四季都是五彩斑斓的，因为“玛卡莲娜”这种藻类对水量和光照有要求，所以只有湖中水量合适、阳光照射量适宜时，彩虹湖才会呈现迷人的色彩。每年的7—10月是彩虹湖游览的高峰期。

苏必利尔湖

苏必利尔湖位于美国的明尼苏达州、威斯康星州、密歇根州和加拿大的安大略省之间，是世界上面积最大的淡水湖，有200多条河流注入湖中。湖北岸背靠悬崖，南岸遍布沙滩，湖水清澈，湖边森林茂密，周围人口稀少。每年的暴风雨都会在湖面卷起巨大的波浪。苏必利尔湖全年有六七个月可以通航，冬季湖岸会结冰。

阅读延伸

苏必利尔湖湖水中养分少，鱼类数量较其他大湖稀少，有60多种，包括美洲红点鲑、淡水石首鱼、北美大梭鱼、湖鳟、虹鳟等。湖区的矿产资源比较丰富。当地的主要娱乐项目是旅游和季节性渔猎。

xiū lún hú

休伦湖

xiū lún hú wèi yú měi guó mì xiē gēn zhōu hé jiā ná dà ān
　　休伦湖位于美国密歇根州和加拿大安
dà lüè shěng zhī jiān hú shuǐ liú rù yī lì hú xiū lún hú měi
大略省之间，湖水流入伊利湖。休伦湖每
nián yǒu qī bā gè yuè kě tōng háng dōng jì hú àn huì jié bīng
年有七八个月可通航，冬季湖岸会结冰。
hú qū fēng jǐng xiù měi mò lǜ de sēn lín yín bái de shā tān
湖区风景秀美，墨绿的森林、银白的沙滩、
bì lán de hú shuǐ jié bái de hǎi ōu gòu chéng le yì fú měi lì
碧蓝的湖水、洁白的海鸥构成了一幅美丽
de huà juàn yuè fèn de xiū lún hú qū yǒu zhe màn cháng de bái
的画卷。7月份的休伦湖区有着漫长的白
tiān měi tiān líng chén sān sì diǎn zhōng tiān jiù liàng le dào le wǎn
天，每天凌晨三四点钟天就亮了，到了晚
shang shí diǎn hái shi mǎn tiān yún xiá
上十点还是满天云霞。

阅读延伸

休伦湖湖区有丰富的渔业资源和矿产资源。岸上有许多野生动物，例如浣熊、野兔、狐狸，有些动物还大大方方地向游人讨要食物，与人相处得非常和谐。沿湖有大量的开放旅游区，游人可以来此处钓鱼、滑雪、游泳。

mì xiē gēn hú
密歇根湖

mì xiē gēn hú shì měi guó de dàn shuǐ hú tā běi bù yǔ
密歇根湖是美国的淡水湖，它北部与
xiū lún hú xiāng tōng bìng tōng guò yùn hé yǔ mì xī xī bǐ hé xiāng
休伦湖相通，并通过运河与密西西比河相
lián yǒu duō tiáo hé liú zhù rù hú zhōng hú qū qì hòu wēn
连，有100多条河流注入湖中。湖区气候温
hé yǒu hěn duō yóu rén lái cǐ bì shǔ mì xiē gēn hú běi àn
和，有很多游人来此避暑。密歇根湖北岸
hú àn xiàn wān qū yǒu hěn duō yōu liáng gǎng wān nán àn duō shā
湖岸线弯曲，有很多优良港湾；南岸多沙
qiū hú àn xiàn píng zhí méi yǒu tiān rán gǎng kǒu dōng jì gǎng wān
丘，湖岸线平直，没有天然港口。冬季港湾
huì jié bīng dàn hú miàn hěn shǎo bīng dòng
会结冰，但湖面很少冰冻。

阅读延伸

密歇根湖沿岸有经湖水冲击腐蚀而形成的悬崖。东岸是有名的水果产区，盛产桃、梨、苹果等。印第安纳州北部和密歇根州的湖滨，风景壮美，这里的沙子非常柔软，人走上去会发出“嘎吱”声，被称为“歌唱的沙子”。

大熊湖

大熊湖位于加拿大西北部，是加拿大最大的湖泊，湖水经大熊河注入马更些河，北部穿过北极圈。湖区气候寒冷，结冰期长达八九个月，7月之后才能通航。大熊湖周边地区人口稀少，居民大多是因纽特人。湖区多北极熊，湖内盛产白鱼、湖鳟。湖东岸地区有沥青铀矿，图腾港附近有钻石矿藏。

阅读延伸

大熊湖岸边茂密的森林里，生长着许多含松脂的树木，例如苏格兰松。这些树能长到40米高，冬日里，居民就可以用这些木材生火取暖。林间还长着一种叫“乳香草”的小草，燃烧时会散发出芳香。

大奴湖

大奴湖位于加拿大西北部，是加拿大第二大湖，湖水经过马更些河注入北冰洋。大奴湖湖水清澈，湖形不规则，湖岸线曲折，多港湾。湖南岸有铅锌矿开采中心，东北岸有金矿开采中心。湖边的黄刀镇距离北极圈只有200多千米，是观赏北极光的好去处，这里每年有240天左右都能看到极光。

阅读延伸

大奴湖是一个钓鱼胜地，每年都有数千名垂钓爱好者来此钓鱼。湖里盛产北极茴鱼、白斑狗鱼、红点鲑、白北鲑等。一些鱼体积巨大，尤其是狗鱼、极地鳟鱼，重量能达到十几千克，一个成年人只能勉强将其抱住。

火山口湖

火山口湖位于美国俄勒冈州西南部，是美国最深的湖泊，湖形近似圆形。它是马扎玛火山喷发后，山顶崩陷留下的破火山口积水形成的，湖四周是高几百米的熔岩峭壁。湖中最大的小岛是威扎德岛，露出湖面200多米。湖水主要来自周围冰雪融水和雨水。湖水非常干净，水中只有少量矿物质，杂质很少。

阅读延伸

火山口湖湖水湛蓝清澈，湖区长满了松树、杉树。火山口湖及周围地区，在1902年被划为国家公园，园内有鹿、熊、鹰、山猫、旱獭、松鸡等多种野生动物。夏季树木丰茂、花草遍地，是最佳的游览季节。

伊利湖

伊利湖位于美国的俄亥俄州、宾夕法尼亚州、纽约州、密歇根州和加拿大的安大略省之间，因居住在湖南岸的印第安伊利部落而得名。伊利湖接纳了莫米河、休伦河、雷辛河等河流，并与周围许多河流湖泊连通，湖水通过圣劳伦斯河注入大西洋。伊利湖全年约有8个月通航期，12月至次年4月湖面冰封。

阅读延伸

在美国和加拿大交界处，有五个彼此连通的淡水湖，它们被称为“五大湖”，这五个湖分别是苏必利尔湖、密歇根湖、休伦湖、伊利湖和安大略湖。五大湖组成了世界上最大的淡水湖群，有“北美大陆地中海”之称。

互动小课堂

小朋友，读完了这本书，了解了世界各地的河流湖泊，你最想去哪里看看呢？你还记得下面这些河流湖泊的名字吗？

1. 它被中国人称为“母亲河”。它是什么河？

2. 它是一个天然结晶盐湖，被称为“天空之镜”。还记得它的名字吗？